JN105038

未来へつなぐ日本の記憶

昭和SLグラフィティ
〔D51編〕

對馬好一・橋本一朗 著

Memory for the future - "SHOWA" SL Graffiti

秘蔵写真でよみがえる
昭和の蒸気機関車　デゴイチ

.....Contents

C62、C59が寝台急行「安芸」「音戸」などの旅客列車の先頭に立つ呉線で貨物列車を牽くのはD51。冬晴れのもと、正月物資を積んだ貨物列車が、膳棚山と瀬戸内海に挟まれた黒瀬川河口の橋梁をのんびりと渡っていった。◎広～安芸阿賀　S43.12.30

はじめに

　この写真集に使った写真のほとんどは昭和43（1968）〜50（1975）年に撮ったものだ。私たちは撮影のため、冬は雪深い北海道、夏はギラギラと太陽輝く九州や山陽路など、全国を飛び歩いた。その結果、D51ばかりでなく、当時、国鉄に在籍した蒸気機関車（Steam Locomotive＝SL）19形式すべてをフィルムに焼き付けることができた。そんな中で、北海道の函館本線（山線）の線路脇で雪に埋まりながら、C62重連が牽く急行「ニセコ」を待った。ようやく来た列車の先頭にはC62ではなくD51の姿が…。また、瀬戸内の風光明媚な呉線でも、山陰（やまかげ）から出てきた旅客列車を、スマートなC59の代わりにD51が牽いていてがっかりしたことがある。後で機関区に問い合わせたところ、いずれも「予定していた機関車の調子が悪く、急遽D51が代打に立った」という。「ここに来た苦労はいったい何だったのか…」。唖然としてシャッターも押せず、列車を見送ったのを、昨日のことのように覚えている。それほどどこででも見ることができるD51。それだけに、あまり構えない、自然な構図が多いのも私たちのD51写真の特長だ。

　使い勝手がいいこのカマは、先の大戦前から終戦にかけ、わが国機関車史上最大の1,115両が製造され、北海道から九州まで、四国を含む全国の路線に配備された貨物用機だ。その数の多さのために、鉄道に詳しくない人のなかには、「SL」と「D51」が同じものを指すと思っている人がいる。その結果、他の形式の機関車も「デゴイチ」の愛称で呼ばれることがあった。しかし、貨物機の雄としてのD51の真骨頂は、炭鉱で掘り出した石炭や生活物資を積んだ重量貨物列車を従え、真っ黒な煙をモクモクと噴き上げ、力強く走る逞しい姿だ。時には複数のD51が力を合わせ、前牽き後押しや三重連で長大列車を先導した。その威容が、戦後わが国の復興の象徴でもあった。

　ところで、新聞や雑誌の表記を見たり、テレビ・ラジオの放送を聞いたりすると、愛称は「デコイチ」「デゴイチ」の両方がある。「どちらが正しいのか」などの議論はこの際不要だ。その威圧感と音、石炭が燃える匂いが「D51」そのものの魅力だ。設計は、後に国鉄技師長となり東海道新幹線の実現に大きく貢献した島秀雄氏（明治34＝1901〜平成10＝1998年）が中心となった。

　そんなことを思いながら写真を整理していると、おびただしい数のD51が出てきた。そこにはさまざまな風景、機関車や鉄道員の表情があった。「これだけで1冊できないか」と挑んだのがこの本である。1形式だけを全国に追った写真集が過去にあったかどうかは寡聞にして知らない。懐かしい時代を思い出していただけたら幸せである。

扇形庫に囲まれた転車台で方向転換する初期型D51 63。◎新津機関区S43.7.24

第1章
デゴイチ

昭和初期の経済恐慌が収束する一方で、2・26事件が起き、ベルリン・オリンピックでは水泳200㍍平泳ぎの前畑秀子選手ら日本チームが6つの金メダルを取った11年から量産された貨物用標準機関車。日本で初めてボックス・スポーク動輪を採用し、煙室扉周辺に丸みを持たせた斬新な設計が目を引いた。先輩格のD50などに比べ、軸重、軸間隔がやや小さく、使用圧力を高めたため、使用線区が広く、1,115両が全国の国鉄路線に進出し、わが国の代表的蒸気機関車となった。

©D51 35　会津若松機関区　S.44.9.26

【第1次 初期型】(95両) D51 1〜85、91〜100
大正生まれの貨物機D50の改良型として設計された。半流線形形。煙突、給水過熱器、砂箱、蒸気貯めを一体ドームで覆った姿から、通称「ナメクジ」と呼ばれた。このうち22、23号機の2両はドームが運転台まで伸びている「スーパーナメクジ」だった。
◎D51 35会津若松機関区　S.44.9.26

（955〜1000は欠番）

【第3次 戦時型】(161両)
D51 1001〜1161
大東亜戦争末期に製造された。資材不足で除煙板（デフレクター）や炭庫側板が木製のものがあり、ドームは端面切り落とし、炭水車は無台枠船底形になった。終戦後、標準型に改装したものや、余剰のため解体し旅客用のC61にボイラーを流用したものがある。
◎D51 1004（重油併燃装置付）　横手駅
S43.7.21

【第2次 標準型】（859両）D51 86～90、101～954
一体ドーム形を廃した量産型。給水過熱器が煙突前方で横位置に配されている。重油併燃や集煙装置、ギースル・エジェクタ付煙突など、さまざまな形に改造された機体や、第3次型に近い準戦時型もある。このほか、同型が台湾や樺太（現・サハリン）向けなどにも製造された。◎D51 563会津若松機関区　S.44.9.26

≪様々な変形機≫

1,115両もあれば、1両1両表情がさまざま。北海道で使われていたものは、除煙板の前の部分が短く切られているものが多かった。
◎D51 1160　五稜郭機関区　S45.8※

変形除煙板では、下半分以上を切り取ったような形のものが目立った。門司鉄道管理局管内に多かったので、「門デフ」と呼ばれることが多いが、D51では長野工場で採用された「長工デフ」という形が主流だった。D51 281もそのタイプで、甲府機関区に所属していた昭和32年11月頃に装備したらしい。この日は夏休み中の登校日なのか、リュック姿の女生徒たちが降り立った。◎奥羽本線鶴ヶ坂駅　S45.8※

《日本一重装備のD51》

日本三大車窓風景のひとつ、九州・肥薩線の険しい
「矢岳越え」が、この重装備D51を生んだ。巨大な鹿
児島工場式集煙装置を備え、680リットルの併燃用
重油タンクをボイラー上に装着した。勾配とトンネル
が多いこの線区での煤煙発生を極力抑えるため
だ。乗務員への防煙マスクの支給と共に、労働環境の
改善も目指した。D51 170は昭和47年4月4日、矢
岳越えSLさよなら列車を人吉〜吉松間で牽引、現在
は矢岳駅に保存展示されている。
◎吉松機関区 S44.7.24（写真3枚とも）

≪D51諸元≫

軸配置	1D1
軌間	1,067mm
全長	第1次型19,500mm、第2次型19,730mm、第3次型19,755mm （ストーカ付改造車 19,830mm）
全高	3,980mm
機関車重量	76.46～79.00 t（運転整備）
炭水車重量	46.18～47.40 t（運転整備）
動輪径	1,400mm
機関車最大軸重	14.20～15.52 t
シリンダ数	単式2気筒
シリンダ	550mm×660mm（直径×行程）
弁装置	ワルシャート式
ボイラー圧力	14.0kg/㎠（登場時） 15.0kg/㎠（戦後全車）
ボイラー水容量	7.4㎥
大煙管	140mm×5,500mm×28本（直径×長さ×数）
小煙管	57mm×5,500mm×90本（直径×長さ×数）
火格子面積	3.27㎡（D51 950～954は3.30㎡）
全伝熱面積	221.5㎡
過熱伝熱面積	64.4㎡
全蒸発伝熱面積	157.1㎡
煙管蒸発伝熱面積	142.7㎡（D51 22、23は142.1㎡）
火室蒸発伝熱面積	12.7㎡
燃料	石炭（一部重油併燃）
燃料搭載量	7～10 t
水タンク容量	20㎥（ストーカ付は18㎥）
最高運転速度	85km/h
最大出力	1,400PS
定格出力	1,200PS
製造所	川崎車輌、汽車製造、日立製作所、日本車輌製造、三菱重工業、鉄道省浜松工場・大宮工場・鷹取工場・小倉工場・長野工場・土橋工場・郡山工場・苗穂工場
製造年	昭和11～20年
製造数	1,115両（国有鉄道用。他に台湾、樺太向けなど）

第2章
北海道

北海道はD51が縦横無尽に闊歩できる働き場だった。各地に展開する炭鉱からの石炭搬出はもちろん、函館－札幌を結ぶ道内きっての大動脈の函館本線、室蘭本線では、長大貨物列車や旅客列車を牽いて行き交った。青函連絡船を介して北の大地と首都圏を結び生活物資を運ぶ列車や、室蘭、苫小牧を中継基地に、石炭に加え、産業資材や水産物、農産品などの生鮮食品を運搬する列車がひっきりなしに走っていた。非電化複線区間で地響きを立てて重量列車を牽き、同型機やディーゼル特急とすれ違う光景は見るものをワクワクさせた。峠越えや炭鉱でも、D51はいたる所で真っ黒な煙を上げて活躍していた。

◎D51 1160　幌内線萱野～三笠　S50.3.8

春の雪解けを間近に控え、室蘭本線栗山
〜栗丘間の3.5‰（パーミル）の緩く長
い勾配を、黒煙を噴き上げて上るD51
816。◎S50.3.10

上り旅客列車（手前）とすれ違う石
炭の回送列車。室蘭港で石炭を降ろ
した空のセキの長い列は、カーブを
曲がって遥か彼方まで続いていた。
しかし、石炭列車はどんなに長い編
成でも重連運用はめったになかっ
た。炭鉱を出る時は石炭の重さで坂
を下り、帰りは空車なので軽々と上
れたからだ。◎室蘭本線栗丘駅
S50.3.10

白老～沼ノ端間28.7キロは、日本一長い直線区間。その線路上を製紙の原料となるチッ
プ輸送用の列車が疾走する。白老町は水資源が豊富で、昭和35年から大規模な製紙工場
が立地している。先頭で奮闘するD51 842は「第2次」に分類されるが、戦況が厳しくなっ
た18年に国有鉄道鷹取工機部で製造された準戦時型。ドーム端が簡略設計の切り落とし
形になっている。40年に熊本から北海道・追分機関区に転属。41年にギースル・エジェ
クタ（高燃焼補助装置）を取り付けて逆台形の煙突になり、燃焼効率や蒸気温度を上げて
石炭の消費量を節約した。44年ころには道内特有の除煙板前部の切り詰めも行なった。
50年末に廃車になり、岡山県倉敷市に貸与され、現在は水島中央公園で保存されている。
◎室蘭本線白老～社台　S50.3.10

前の貨物列車を追うように現れたD51 414も、様々な物資を積んだ列車を牽いて緩い坂を上って行った。
◎室蘭本線栗山～栗丘　S50.3.10

幹線の朝の通勤時間帯には、貨物用機関車も旅客列車に駆り出される。この日、D51 1118は4両編成の客車を牽いて快走した。
◎室蘭本線栗山～栗丘　S50.3.10

室蘭本線には様々な列車が行きかった。白老駅を通過したD51 764が牽く下り列車は室蘭港で石炭を下ろし、炭鉱に戻る石炭車。同駅にはもう1本の下り貨物列車が退避し、上り線のホームには急行型気動車が停まっていた。◎白老〜社台　S50.3.10

非電化複線の室蘭本線栗山～栗丘間では、地形の関係で上下線が大きく離れている所がある。有蓋車や冷蔵車を連ねた貨物列車を牽くD51 561と気動車が、残雪に覆われた凹地を挟んで擦れ違った。◎S50.3.10

残雪が春の強い日差しを反射する春先の北海道で運転する乗務員にはサングラスが必需品。厳しい冬が終わり、乗務員の表情も緩んできた。◎函館本線上目名駅 S46.3.16

整備が終わったD51 346の出庫を機関区の幹部と整備士が見送った。乗務員は、これから、長い旅路に挑んでいく。
◎長万部（おしゃまんべ）機関区　S45.2.17

函館本線と室蘭本線の分岐点にある長万部機関区では、C62 2やDD51、9600形と共に北海道仕様のD51が休んでいた。
◎S45.2.19

C62重連の上り急行「ニセコ1
号」に続いて1194ﾚ貨物列車
を牽くD51 593が煙と蒸気、
巻き上げた雪煙をまとって力
を振り絞って坂を上ってきた。
この時代、高速道路や飛行機は
未発達だった。このため、勾配
がきつく、「山線」と呼ばれた
函館本線長万部〜倶知安（くっ
ちゃん）〜小樽〜札幌間も生活
物資の通り道だった。
◎上目名〜目名　S46.3.16

蒸気機関車を運行するためには、多くの人がかかわっていた。
◎D51 346　長万部機関区　S45.2.17

山線ではC62がスターだったが、D51が貨物、普通列車を牽引し、動脈を支えた。
◎D51 673　函館本線上目名～目名　S44.3.21

当時の単線区間では、衝突を防ぐために、「タブレット」と呼ばれる。いわば通行手形が必要だった。それを駅員が機関士に差し出した。◎函館本線上目名駅 S43.1.2

C62重連で山線を走破する急行「ニセコ」は「ていね」から名称変更した。前補機にツバメマークを掲げたC62 2を擁する上り104レ「ニセコ1号」が急坂に挑む。
◎函館本線上目名〜目名　S46.3.16

雪が降る中、急行「ニセコ1号」の撮影場所を探していると、反対側から下り1195ﾚ貨物列車が通りかかった。私たちはこの列車で画角を決め、C62重連を待った。◎函館本線上目名～目名　S46.3.16

蒸気機関車がひと息つく山線山間部のターミナル駅
では、機関助士がD51 340の炭水車に上り、炭庫の
整理に精を出した。◎函館本線倶知安駅　S44.1.2

夕暮れが迫る中、下り気動車とすれ違った貨物列車の先頭のD51 367は前照灯を点灯し長万部方面へと出発した。
◎函館本線小沢（こざわ）駅　S45.2.28

函館から長い道のりを、札幌、旭川に向かう121ﾚ旅客列車はこの日、山線区間でD51 163が先頭に立って急坂を乗り越えていった。◎函館本線上目名駅　S46.3.16

マント風の上着で防寒した男性がホームで待っていると、D51 942が牽く小樽発長万部行134ﾚ（右）が到着。函館発札幌行41ﾚ荷物列車の先頭に立つD51 597（左）とすれ違った。◎函館本線熱郛（ねっぷ）駅　S46.3.16

121レとは反対に旭川から函館を目指す122レを牽く
D51 585。駅長が乗務員に向かってタブレットを掲
げた。◎函館本線銀山（ぎんざん）駅　S46.3.23

精一杯の力を振り絞り、常紋（じょうもん）峠に挑む普通列車。
◎石北本線常紋信号場　S44.1.3

常紋峠を越えるカマは集煙装置、重油併燃タンクなどを付けた重装備。下り列車を牽くD51 165は真っ黒な煙を噴き上げ、急坂に挑んでいった。巻き上げた雪煙に射した日光で、一瞬虹がかかったように見えた。◎石北本線生田原（いくたはら）駅　S50.3.9

じょうもん信号場
常　紋
S.S JOMON
← かねはな ｜ いくたはら →
KA NE HA NA ｜ I KU TA HA RA

常紋信号場の駅名標。
◎石北本線　S44.1.3

D51 734の乗務員は、通過してきた区間のタブレットをホーム上の受器に入れるのが、安全運行のため必須で大切な仕事だった。◎石北本線常紋信号場 S44.1.3（2枚とも）

単線でスイッチバックがある信号場では乗客の乗
降はなく、列車交換が行われる。旭川方面から貨
物列車を牽いて来たD51 6と、これから旭川方面
へ向かう列車のD51がすれ違った。
◎石北本線常紋信号場　S44.1.3

雪晴れの日、幌内（ほろない）炭鉱の石炭積み出し駅、幌内線三笠駅を訪れた。夕張、歌志内（うたしない）など道内の他の出炭地とともに日本のエネルギーを支えた三笠市街は、蒸気機関車が吐き出す煙に覆われ、機関車や炭住の暖房で石炭が燃える匂いに満ちていた。そんな中、真っ黒いカマが本線や引上げ線を行ったり来たりして石炭列車の入れ替えに余念がない。そのうちの2両は戦時型で、北海道向けに除煙板の前部を短く切り取ったD51 1149（上左）と 1160（下左、下中）だった。
◎S50.3.8（写真4枚とも）

石炭列車の入れ替えを続ける機関車の炭水車の上には、ヘルメットを被り、赤と緑の信号旗を持った駅員が立つ。機関士と息がぴったり合い、てきぱきと列車を編成していた。D51で唯一の昭和20年製で日本窒素向けに製造され、後に国鉄に移管したラストナンバーの1161は特殊な試作機のため、19年製の1160は量産型の最終機。短い汽笛を繰り返し、作業に取り組んでいた。
◎幌内線三笠駅　S50.3.8

函館本線の七飯（ななえ）〜大沼〜森間は、北海道駒ヶ岳の山麓を緩い勾配で越えるため、雄大な8の字型の線路配置になっている。首都圏と札幌、旭川などを結ぶ大動脈だけに、たくさんの列車が行き来し、D51やD52、C62の咆哮がこだましていた。D51が牽く貨物列車の後方、大沼駅構内には別の列車の煙が見える。この区間にあった渡島大野（おしまおおの）駅は平成28年に北海道新幹線新函館北斗駅として新装開業し、この一帯は昔も今も北海道の玄関口だ。
◎函館本線仁山（にやま）臨時乗降場〜大沼　S46.3.24

上り旅客列車が汽笛も高らかに出発した。◎函館本線大沼駅 S44.1.6

ナメクジ形のD51 64は、噴火湾側の砂原（さわら）支線から上り貨物列車252レを牽いて8の字区間の中心、大沼駅を目指して
黒煙を噴き上げた。すれ違った下り列車は本線を北西側の大沼公園駅方向に大きくカーブを描いて走り去っていった。
◎函館本線大沼〜池田園・大沼公園　S46.3.24

北海道駒ケ岳が雪で見えない厳しい冬。吹雪のなか、長い貨物列車を牽引し、北海道の大動脈を駆け抜ける。
◎函館本線仁山臨時乗降場～大沼　S44.1.6

D51 695が牽引する列車が到着すると、駅は俄然活気を帯びた。◎函館本線大沼駅 S44.1.6

幕末の箱館戦争の史跡として有名な五稜郭。北海道の鉄道輸送の要の基地でもある。函館本線での僚友の大型貨物機D52（左右両端）と並ぶD51 1160（右から2両目）。
◎五稜郭機関区S44.1.6

宗谷本線最大の難所、塩狩峠。ここでは旅客列車はC55が、貨物列車はD51が牽引し精一杯の煙を噴き峠に挑む。
◎D51 183　蘭留（らんる）〜塩狩 S44.1.4

第3章
東日本

函館から青函連絡船で渡って来た貨物列車の多くは、青森から東北本線経由で首都圏を目指した。一方、関西圏に向かう列車は奥羽本線、羽越本線、北陸本線などで構成される日本海縦貫線を疾走した。北海道に向かう下り列車もこの逆のルートを通った。いずれもD51が奮闘し、峠では重連、三重連で輸送量、速度を維持した。また、首都圏でも電化された架線の下では、京葉、京浜工業地帯の物資輸送をはじめ、様々な路線で煙を上げていた。こうした日常的な姿が、「デコイチ」「デゴイチ」として多くの人々に親しまれたゆえんだろう。

昭和43年10月1日の通称「ヨン・サン・トオ」と言われるダイヤ改正に伴い、青森までの全線複線電化に伴うルート変更で、新線が建設されつつあった東北本線千曳（ちびき）〜野辺地（のへじ）間。残りわずかとなった非電化の月日を惜しむように、旧線上り方面の勾配にD51 474などが重連で挑む。◎S43.7.17

列車交換を待つ上り貨物列車。重連の先頭は
D51 177。◎東北本線千曳駅　S43.7.17

青森方面に向かうC60 36が牽く旅客列車と上りのD51重連貨物列車との列車交換。ここでは東北本線は単線で、別線で準備が進む複線電化間近の貴重な風景だ。◎千曳駅　S43.7.17

東北本線千曳駅に進入するD51 912先頭の重連。当時は
警手により踏切が操作されていた。◎S43.7.17

全線複線電化間近の東北本線で、ここは架線のない貴重な
撮影場所だった。D51重連の貨物列車、そしてC60、C61
の牽引する旅客列車がひっきりなしに駆け抜けていった。
◎東北本線千曳～野辺地　S43.7.17

全線電化前の十三本木峠は「難所」として知られ、三重連が大活躍していた。上はD51 886など、下はD51 284など。
◎いずれも東北本線御堂(みどう)～奥中山　S43.7.18(写真2枚とも)

架線が張られ、まさに電化間近の御堂駅を通過するD51 164など重連の貨物列車。
◎東北本線　S43.7.18

栄えあるトップナンバー D51 1。全線電化まで、この峠で活躍していた。◎東北本線御堂付近　S43.7.18

3両のD51による十三本木峠越えの迫力ある姿は、「奥中山の三重連」として鉄道ファンに親しまれた。
◎東北本線御堂〜奥中山　S43.7.18

羽越本線で活躍する酒田区所属の通称「ナメクジ」（D51 63＝初期型）。同線のほか、信越本線、磐越西線が乗り入れる新津は「鉄道のまち」と呼ばれ、各線区のC57、D51、9600、C11等が集い、まさに蒸気機関車の宝庫だった。◎新津機関区　S43.7.24

奥羽本線横手駅の機関庫でC58と並ぶ。D51 351（左）とは逆向きに停まり、テンダーに併燃用重油タンクを載せた横手区の
D51 1093（中央、戦時型）は、この撮影の数か月後に廃車となった。◎S43.7.21

新潟県内を国道8号と並行して走る北陸本線は、東北・北海道と近畿圏を最短距離で結ぶ日本海縦貫線の一部。双方の物資を満
載した貨物列車が次々に行き交っていた。途中駅で時間調整し、再び動き出した下り列車の先頭で、D51 526が力強くドレイ
ンを切った。◎谷浜駅　S43.8.11

蒸気機関車は前後非対称なので転車台が必要だった。各地の機関区やターミナル駅に設置され、大型機関車が転向する姿は見飽きることがなかった。◎D51 63　新津機関区　S43.7.24

ひとつ屋根の下、D51 1039とDD51が憩う。◎新津機関区　S43.7.24

広大な関東平野をのんびりと走る八高線でも、東飯能付近には急坂があった。重い列車を牽くD51 786は黒煙を噴き上げ、力を振り絞った。◎S45.2.27

東京都多摩地区の中心都市・八王子と北関東の鉄道基地・高崎を結ぶ八高（はちこう）線は、昭和9年に全線開業し、45年9月まではD51、9600、C58など蒸気機関車の牙城だった。収穫が終わり、うっすらと雪を被った野菜畑の脇を、262レ上り貨物列車が都会を目指してのんびりと走って行った。◎金子〜東飯能　S44.2.17

駅に近い踏切で、歩行者やバイクに乗った人たちが見つめる中、上りホッパー列車を牽くD51 670が力強く煙を噴き上げた。◎八高線　東飯能駅　S44.9.30

高麗川（こまがわ）駅近くには日本セメント埼玉工場があり、同駅から分岐する専用線を通じて八高線から原材料の石灰を満載した列車が行き来していた。D51 141はじめ、八王子機関区の多くのD51の補助前照灯は、主前照灯から大きく離れて設置している特異なスタイルだった。◎八高線金子〜東飯能　S45.2.27

重連で下り長大ホッパー列車を牽き入間川を渡る。先頭は標準型、2両目は戦時型。この後、東飯能を経て、高麗川の日本セメント埼玉工場に向かった。◎八高線金子〜東飯能　S44.9.30

D51 646（先頭）など２両が牽くホッパー列車2285レが踏切に差し掛かった。未舗装道路で女性が乗ろうとしている乗用車、踏切が開くのを待つボンネット型ダンプカー、手前に転がるドラム缶など、昭和40年代のわが国を象徴する懐かしい光景だ。
◎八高線東飯能～高麗川　S44.2.25

神奈川県川崎・横浜両市に跨る操車場。そのハンプヤードで
貨車入替に活躍するD51 533。ここにある新鶴見機関区で
は、昭和45年に蒸気機関車の火が消えるまで、蒸機、電機、
ディーゼル機が混在し、関東の物流拠点を支えていた。
◎新鶴見操車場　S42.8頃

ハンプヤードでは何十両も連ねた貨車をD51 533が坂の頂上に押し上げ、1両ずつ突放して複数の貨物列車を仕立てていった。
◎新鶴見操車場　S42.8頃

先の大戦後、日本に駐留する米軍は、首都圏に横田、厚木、横須賀、相模原、座間など、多数の基地や補給廠を持っている。港や各施設の間で燃料をはじめとする資材を運ぶのも国鉄の役割だった。各操車場、貨物駅では米軍列車の入れ替えをする姿が見られた。◎新鶴見操車場　S43.3頃

日本の海の玄関、横浜港に向かう貨物列車は、新鶴見操車場から高島貨物線で高島貨物駅を目指し、途中の鶴見付近で東海道本線をオーバークロスする。雪が積もったこの日は、通りかかった新型の郵便荷物電車の上を、石油タンカーを従え白煙を吐きながら越えていった。◎S43.1頃

東京の下町でも貨物輸送に携わるD51が走る貨物線があった。◎越中島（えっちゅうじま）貨物線小名木川（おなぎがわ）～越中島　S44.5頃

千葉県から東京都内に入ってきた工業製品や農産品を運ぶ貨物列車を、新小岩機関区所属のD51 448がバックで牽き、荒川を渡った。
◎総武本線平井〜新小岩　S44.3.22

御殿場線は昭和43年4月27日に国府津（こうづ）〜御殿場間、同年7月1日に残りの御殿場〜沼津間が電化された。この間の2ヵ月余りは、先に電化された区間で蒸気機関車の助けを借りて電気機関車の練習をする「電蒸運転」が行われた。この日、足柄駅に到着した下り貨物列車は、本務機EF60 90の後ろにD51 821がついていた。
◎S43.6.23

電蒸運転でEF60を補佐していたD51 821は、昭和43年2月に常磐線の原ノ町機関区から国府津区に来たばかり。御殿場線電化に伴い約5カ月で大宮区に移り、10月には廃車された。◎御殿場線足柄駅　S43.6.23

首都圏から煙が消えたのが昭和45年秋。東京ではさまざまな記念列車が走った。この日は「さよなら蒸気機関車」のヘッドマークを付けた新鶴見機関区のD51 791が東京駅から横浜港まで臨時旅客列車を牽いた。沿線では鉄道敷地内の線路際ぎりぎりまで多数の鉄道ファンが集まって見送った。隣接する山手電車区にはウグイス色の山手線103系が停まっていた。
◎東海道本線品川〜大井町　S45.10.11

第４章
西日本

全国に展開したD51は西日本でも各地で活躍した。中京圏と関西圏を結ぶ関西本線の加太（かぶと）越え、三重連で有名な伯備（はくび）線布原（ぬのはら）信号場などは、雄姿を追う鉄道ファンであふれていた。そのほか、荒波渦巻く日本海側を走る山陰本線、穏やかな瀬戸内海沿いの呉線などでも貨物列車、旅客列車の先頭に立つ姿が見られた。四国にも足を踏み入れ、各地で戦後復興、高度経済成長を支えていた。

名古屋から大阪を目指し加太峠に挑む貨物列車45レを牽くD51 882が吐く煙が築堤下の住宅に降り注いだ。
◎関西本線加太～中在家（なかざいけ）信号場　S46.3.10

前年の秋、大きな恵みを与えてくれた何枚もの田んぼの脇を、D51 393が加太峠を目前に、ゆっくりと、しかし、力強く下り貨物列車263レを牽いて上ってきた。遥か彼方に見えた白煙が徐々に大きくなり、黒煙も混ざり、排気音と地鳴りが近づいて来る。目の前を通り過ぎるとき、車体にまとわりつく蒸気の向こうで、濃紺の帽子を被りキャブに陣取った乗務員が白い手袋をはめた手で窓枠を握りしめた。
◎関西本線加太～中在家信号場　S46.3.10（写真6枚とも）

名古屋と奈良・大阪を結ぶ関西本線は三重県亀山市と伊賀市
の間の加太峠で鈴鹿山脈を越える。『日本書紀』に「壬申の
乱(672年)の時、大海人皇子(おおあまのおうじ)一行が越え
た」(現代語訳・筆者)とわざわざ書いてあるほど険しい峠だ。
そこを上ってきた下り貨物列車787レの先頭にはD51 1054。
列車が近づくと最後尾にも、もう1条の黒煙が上がっていた。
◎加太一中在家信号場　S46.3.10

787ㇾ最後尾の木材を積んだ長物車チキと有蓋緩急
車ワフの後ろには、もう1両のD51が。本務機と同
じように煙を噴き上げ、必死に列車を押し上げた。
◎関西本線加太―中在家信号場　S46.3.10

中在家信号場で787レとすれ違った790レが、黒煙が消えた築堤を音も煙もなく下ってきた。先頭のD51 1007に従う長大貨物列車の最後尾では、後補機のD51 759がボイラー安全弁からわずかな蒸気を噴いていた。
◎加太～中在家信号場　S46.3.10

伯備線上り2492ℓ貨物列車のD51 256など3両は、すれ違う下り列車を待つ間に缶圧を一杯に上げる。夏休みで、連日訪れる鉄道ファンは下り本線ぎりぎりまで入って撮影していた。
◎布原信号場　S44.7.26

列車交換のため5分間の停車。そして「出発進行！」。3つの汽笛とともに豪快に3本の煙を噴き上げる三重連。
◎伯備線布原信号場　S43.3.27

布原信号場を出て、西川橋梁で阿哲峡を渡る三重連の2492ℓ石灰列車。この後、行く手にはトンネルが待ち構えている。
◎伯備線新見（にいみ）〜布原信号場　S43.3.28

新見、倉敷方面に向け、出発直後の三重連2492レ。製鉄の副材料の石灰輸送に力を発揮していた。
◎伯備線布原信号場　S43.3.27

後部の２両の補機の助けを借りて、重い貨物列車を牽き、急坂に挑むD51 392。中国山地に分け入り、備中神代（びっちゅうこうじろ）を目指した。◎伯備線布原信号場〜備中神代　S43.3.27

布原信号場を出発したD51重連の貨物列車が陽光を浴びて岡山方面へと向かう。
◎先頭はD51 797　伯備線新見〜布原信号場　S43.3.28

D51が珍しく逆向きに牽引し、布原信号場に向かう。◎伯備線新見〜布原信号場　S43.3.28

D51 376を先頭に、備中神代方面から重連できた上り貨物列車はまもなく布原に滑り込む。
◎伯備線布原信号場〜備中神代　S43.3.27

出雲市から西へ187.4キロ。幕末から明治期の日本を主導した志士を輩出した山口県萩市。その表玄関にはD51 1050や石炭を満載した無蓋貨車が佇んでいた。◎山陰本線東萩駅　S47.8

神々が集う大いなる社、出雲大社が鎮座する島根県出雲市。
厳しい日差しの下、貨物列車を牽いて時間調整のため停車し
ていたD51 620の機関士は、動輪や主連棒など、下回りの点
検に余念がない（中央）。その後戻ったキャブで運行計画の確
認をする横では、機関助士が炭庫や火床の整理に汗を流して
いた（右）。機関車の横にはブルーに白帯の12系客車（左上）
も停まり、時代の移り変わりを感じさせた。
◎山陰本線出雲市駅　S47.8（写真3枚とも）

夕方、D51 755が牽いて機関区がある糸崎を出た７両編成の広島行623ﾚ旅客列車は三原駅を発車すると呉線に入り、車輪とレールのジョイントが刻む軽快な走行音とともに、沼田川橋梁を渡った。◎三原～須波（すなみ）　S44.8.3（写真２枚とも）

山陽本線の広島県・三原から海田市（かいたいち）まで、瀬戸内海沿岸を経由する呉線は昭和10年に全線開通し、沿線に呉軍港がある軍事路線だった。戦後もC62、C59が寝台急行「安芸」「音戸」などを牽いて行き交う花形路線だ。その中で、D51は貨物列車や一部の旅客列車の先頭に立ち、瀬戸内の景勝地を快走した。

瀬戸内の島と海を越えて差す冬の陽は、上り貨物列車のD51が吐く煙を輝かせ、除煙板や後続の貨車をきらりと光らせた。◎呉線安芸幸崎（あきさいざき）～忠海（ただのうみ）　S43.12.30

交通の要衝、広島機関区では、D51だけでなく、多くの蒸気機関車が活躍していた。呉線仕業のため待機中のC62 15と入れ替え用のC50 134が並んでいた。◎広島駅　S43.3.29

夜の帳が下り、呉線に向かうD51 798が広島駅で出発を待つ。隣ホームの向こうには前面３枚窓の初期型80系クハ86が…。
◎広島駅 S44.7.28

第5章
九州

九州は北海道と並ぶ石炭の産地だ。特に、福岡県の筑豊地区は多くの炭鉱が林立し、筑豊本線ではD50、D60等とともに、D51が石炭の出荷に活躍した。また、熊本県八代と鹿児島県隼人を結ぶ肥薩線は明治42年に開通した旧鹿児島本線。そのうち、熊本、宮崎、鹿児島3県の境をなす国見山地の天険・矢岳は海抜739メートルながら、急峻な地形で、同線の人吉〜吉松間35キロは重装備D51の主戦場だった。鹿児島本線や日豊本線でもD51は貨物列車の先頭に立ち、大型蒸気機関車としての役割を存分に果たせる地域だった。

D51 868は東北・尻内機関区から直方区に転入。九州のD51では珍しく、補助前照灯をそのまま装着していた。
◎筑豊本線筑前垣生（ちくぜんはぶ）〜筑前植木　S44.7.17

直方機関区は、筑豊地区の機関車運用を担っていた。D51に加え、D50、D60等が配置されていたほか、若松、行橋、大分など、他の機関区所属機関車の補給基地でもあった。常に汽笛が響き、煙が立ちのぼり、戦後日本の復興を象徴するエネルギーに満ちあふれていた。◎S44.7.17

大正12年に9900形として登場した先輩格のD50やその改造型のD60とともに、筑豊炭田で採掘された石炭を2軸石炭車セラ1形で構成された列車で積み出し港に向けて搬出した。国労、動労の労働運動が激しい時期で、D51 42の煙室扉には「団結」の大きな落書きがあった。◎筑豊本線中間～筑前垣生　S44.7.27

筑豊地区にはたくさんの第1次（ナメクジ）型が走っていた。
◎D51 45 筑豊本線中間～筑前垣生　S44.7.27

D51 382が牽引する石炭列車（右）が、旅客列車とすれ違う。◎筑豊本線筑前垣生駅 S44.7.17

同じ筑豊本線でも炭田地区とは表情の異なる冷水（ひやみず）峠。最大25‰の急勾配と半径200～300メートルの急カーブが連続する難関で貨物列車、旅客列車を牽引する。直上に登る煙が、スピードの出ない厳しさを象徴している。◎筑豊本線筑前内野～筑前山家（ちくぜんやまえ）　S44.7.28

黒煙を残して石炭列車が行く。◎筑豊本線筑前垣生～筑前植木　S44.7.17

肥薩線人吉〜吉松間は、ほとんどの列車がこの区間だけを行き来する客車と貨車の混合列車。大型の鹿児島工場式集煙装置と重油併燃装置を装備したD51が、兜をかぶった武士のような姿で前後に付き、ループ線と2つのスイッチバックで急勾配に挑んだ。

門司港を前夜23時30分に出て、夜行で鹿児島本線博多、熊本を回り、八代から肥薩線に入った1121レ都城（みやこのじょう）行普通列車。人吉以遠から唯一の直通旅客列車を人吉から牽いて矢岳越えを踏破したD51 687が朝9時過ぎ、吉松駅に滑り込んできた。◎真幸（まさき）〜吉松　S44.8.1

朝9時18分に吉松を出た人吉行842ﾚ混合列車は積み荷が軽いのか、この日は補機なしで矢岳越えに挑んで行った。
◎肥薩線真幸～吉松　S44.8.1

矢岳を越え、D51からC57 85に交替した門司港発肥薩線・吉都（きっと）線経由都城行1121ﾚ（左）の横に、これから矢岳に挑み人吉を目指す842ﾚを牽くD51 687（右）が静かに入ってきた。
◎肥薩線・吉都線吉松駅　S46.3.8

上り840レ混合列車を従え、吉松を朝一番に出発して矢岳を越えてきたD51 572はループ線を通過し、スイッチバックの転向線からバックでホームに滑り込んだ。人吉から上ってきた吉松行下り一番列車841レのD51 170と交換し、人吉に向かう。◎肥薩線大畑（おこば）駅　S46.3.7

集煙装置、併燃用重油タンクを搭載した重装備D51に牽引された混合列車が、後補機の力を借りてループ線を行く。機関車のすぐ後ろには二重屋根のスハフ32形客車が続き、プッシュ・プルされた編成が壮大なループ線を上る姿は美しい。◎肥薩線大畑～矢岳　S44.7.24

肥薩線大畑駅は、日本で唯一ループ線とスイッチバックを組み合わせた駅。
下り混合列車を牽くD51 890は、上り列車の到着を待った。◎S44.7.24

ループ線を通過したプッシュ・プルの混合列車。
さあ、あとひと踏ん張りだ。◎肥薩線大畑～矢岳
S44.7.24（写真右2枚とも）

大畑駅のホームを離れ、バックで転向線に入った貨客混合列車843ﾚは、勢いをつけて大谷隧道をくぐった。しかし、上り25‰のループ線で速度が出ず、本務機が真上に噴き上げた黒煙は大きく横にたなびいた（左上）。線路を踏みしめるようにゆっくりと進みながらさらに急峻な30.3‰の坂に備え、噴き上げた煙が勢いよく立ち上った（左中）。目の前を通過する列車の最後尾には、必死に列車を押し上げる補機の姿があった（左下）。ところが、その数時間後、貨物列車4509ﾚは積み荷が少なく、D51 587が1両で同じ線路を上ってきた（右上）。◎肥薩線大畑－矢岳　S46.3.7（写真4枚とも）

矢岳越えの基地・吉松と日豊本線のターミナル・都城を結ぶ吉都線。肥薩線の車内から見下ろせる日本三大車窓風景の1つ、小林平野を横切り、都城を目指す通勤列車624ﾚの先頭には、肥薩線とは違う標準装備のD51の姿があった。◎加久藤（かくとう）〜京町　S46.3.8

朝靄の中、D51が牽引する旅客列車が行く。◎吉都線京町駅付近　S44.7.24

険しい矢岳の山を背に平野を走る通勤列車624ℓの機関車は煙を噴き上げて疾走した。この時代、客車の扉は鍵をかけず、陽気のいい日は解放のまま走っていた。◎吉都線加久藤～京町　S46.3.8

D51では珍しい門鉄デフレクターが付いたカマが牽く貨物列車。◎吉都線加久藤〜京町　S46.3.8

鹿児島本線川尻（熊本市）〜鹿児島間が電化されたのは昭和45年9月。C60、C61などの旅客用大型蒸気機関車や鹿児島交通線から直通してくる真っ赤な色をした気動車などを撮ろうと待っていたら、上り貨物列車を牽いて現れたのはD51 1159だった。
◎鹿児島本線伊集院〜薩摩松元　S44.8.2

C59 178に２軸従台車を付けて軸重軽減改造した熊本機関区所属（当時）のC60 102と、標準型で出水（いずみ）区所属のD51 714が並んで休んでいた。C60は鹿児島本線旅客列車、D51は鹿児島、日豊両本線の貨物列車を中心に活躍していた。
◎鹿児島機関区　S44.7.31

今は九州新幹線が発着する鹿児島市内もこの時代には大きなビルは見当たらず、道路は未舗装が多かった。オート三輪や乗用車の形も懐かしい。引上げ線に留置するDD51の横を、上り貨物列車が煙を引きながらすり抜けていった。
◎鹿児島本線西鹿児島～鹿児島　S44.7.31

《動態保存機》

1,115両作られたD51の製造が終わってから75年の歳月が流れた。令和2年現在、本線を走れるのは、JR西日本の梅小路運転区（京都鉄道博物館）所属で、僚機C57 1と交代で山口線快速「SL『やまぐち』号」や北陸本線の「SL北びわこ号」を牽く200号機と、JR東日本の高崎車両センター高崎支所を拠点に様々なリゾート列車で活躍する498号機の2両だけになった。両雄は毎日きれいに磨き上げられ、鉄道遺産を後世に伝える使命を担っている。

中京地区の東海道本線や中央本線で活躍した200号機は戦時中、浜松で連合軍の艦砲射撃に遭ったこともある。現役を退いた後も梅小路機関区で動態保存されていたが昭和62年に車籍復帰し、梅小路蒸気機関車館（現・京都鉄道博物館）で「SLスチーム号」を牽引した。平成29年11月からは本線でイベント列車の先頭に立っている。◎山口線徳佐〜船平山　8521ㇾ下り快速「SL『やまぐち』号」津和野行　R1.9.8

D51 1は北陸、信州、東海、東北、山陰地方等、ほぼ本州全域で活躍した後、ここにあった梅小路機関区で動態保存されていたが、昭和61年に廃車になり、今は動いていない。平成18年には「梅小路の蒸気機関車群と関連施設」の一部として、日本の鉄道に関し地域的にみて歴史的文化価値が高く重要な事物を保存継承する「準鉄道記念物」に指定された。
◎京都鉄道博物館（梅小路）　R1.7.2

D51 498は関西、北陸、東北地区などで活躍した。昭和47年の鉄道100年記念行事で八高線記念列車を運行したのを最後に車籍抹消し、上越線後閑（ごかん）駅で静態保存されていた。しかし、63年に復活して「オリエント急行」を牽引した。現在はC61 20とともに高崎を拠点に信越本線の「SLぐんまよこかわ」「SLレトロ碓氷」などで、碓氷峠の麓、横川へ。上越線では「SLレトロみなかみ」などで水上へ。人気列車を牽引して活躍している。
◎JR高崎車両センター高崎支所　H28.8.24

第6章
D51派生機

D51はわが国機関車史上最大の製造台数を誇る。それだけに、その技術を継承発展して設計された機関車や、終戦後の貨物機の余剰、多用途化に伴い、ボイラーの流用、軸重軽減などで生まれた新しい形式がある。その代表的な例として、C61、C58、D61の雄姿を紹介する。

石北本線で活躍するC58 39（右）と北見区のD51157（左）が肩を並べていた。◎北見機関区 S44.1.3

【C61】

終戦後に余剰となったD51二次型、三次型のボイラーに、C57と同設計の足回りと2軸従台車を付けて軸重軽減した機関車。幹線急行用として誕生したが、線路基盤が弱い乙線にも入れる。昭和22～24年に33両作られ、東北や九州地区に配備された。

D51 356（右）と共に青森機関区に佇むC61 20。現在も高崎でD51 498とともにイベント列車を牽引している。◎S43.7

電化工事で立てられたばかりの架線柱の横を、朝日を浴びて熊本行き132ㇾを牽引して疾走するC61 12。◎鹿児島本線伊集院～薩摩松元　S44.8.2

東北本線で上り旅客列車を牽引するC61 19。◎千曳〜野辺地　S43.7.17

【C58】

D51をそのまま小さくしたような貨客両用の万能機関車。動輪径は3軸形としては小さめの1,520ミリ。煙突の前に横位置に置かれた給水加熱機や1軸の先台車、従台車がD51標準型とよく似ている。D51の誕生より2年遅れの昭和13年から終戦後の22年にかけて427両が製造され、全国で活躍した。

早朝、函館から来た夜行急行「大雪6号」とすれ違った上り貨物列車を牽いていたのは北見機関区所属のC58 1。この区間では急行列車や普通旅客列車の先頭にもC58が立っていた。◎石北本線北見駅　S46.3.20

流氷で埋まったオホーツクの海辺をC58 413が疾走する。◎釧網本線北浜駅付近 S45.2.24

九州、四国、北海道を渡り歩き、北見機関区に配備されたC58 33。中国地方に多い後藤工場式除煙板にJNRの大きなマークが描かれ、キャブのナンバープレートは前方に寄ったユニークな形だった。◎石北本線　S50.3.9

【D61】

昭和34〜36年にD51二次型に2軸従台車を付けた軸重軽減改造機種。大正生まれの9600形の補充を目指し、D61 1は最初、中央本線、関西本線で試用した。しかし、改造の元となるD51の捻出ができず、誕生したのは6両にとどまり、全機が留萌（るもい）本線・羽幌（はぼろ）線に集結し、4号機は50年の留萌本線無煙化までD51とともに使われた。2軸従台車のおかげでD51に比べ振動は少なかったが、軸重軽減の結果、空転が多く発生したという。

2軸従台車によりD61と判別できる。
◎D61 2　留萌本線・羽幌線　留萌駅　S44.3.16

留萌市の街並みを見下ろし、積雪の中を羽幌方面に向けスタートした893ℓ貨物列車を牽いていたのはD61 5。強い日差しのもと、煙の影が雪原に伸びた。「留萌本線」「留萌駅」の表記が市名と同じ「留萌」になったのは平成9年。
◎羽幌線留萌〜三泊　S46.3.18

凍てつく日本海に面した厳しい冬の朝、D61 1が発車する。◎羽幌線古丹別駅　S45.2.21

おわりに

　追分機関区D51 241の牽く北海道夕張線貨物列車がD51「デゴイチ」の最終列車となった。時は昭和50（1975）年12月24日。ここにD51「デゴイチ」は文明における使命を終えた。それは1804年に英国人、リチャード・トレヴィシックの発明になる世界初の「蒸気機関車（SL）」が軌道上で貨物、客車を牽引した171年後の事であった。

　遡り明治5（1872）年10月14日。英国の技術指導のもと新橋（汐留）～横浜（桜木町）間に敷設された1067mm軌間の軌道が開通式を迎え、日本での鉄道そして「SL」が産声をあげた。そして22年には東海道線が開通、新橋～神戸間が鉄路で結ばれた。当初、機関車を英国・米国からの輸入に頼ってきた日本は、26年、リチャード・トレヴィシックの孫にあたる官設鉄道神戸汽車監察方R.F.トレヴィシックの指揮のもと、国産SLを開発した。主要部品の大半を英国から輸入したが、鋳造・鍛造部品の製作等、製造は日本人の手により、たった1両ながら、ここに、日本初の国産SL 860形が神戸工場で誕生した。その技術を礎に、続く鉄道院時代、大正2（1913）年には貨物用9600形（総数770両）、その翌年には旅客用8620形（同672両）等、昭和のSL終焉に至るまで活躍した長命な国産傑作機を国内の技術で製造した。その後第一次世界大戦後の貨物輸送量増大に伴い、鉄道省は9600の後継機として9900形を12年に開発・製造。この9900が、後の形式称号規定改正により昭和3（1928）年にD50形となり、D51「デゴイチ」開発設計の基本となった。

　D51「デゴイチ」が生まれたのは11年。昭和初期の不況もあり、6年にD50の生産終了後、貨物用大型機関車の新作はしばらく途絶えていた。しかし、経済の回復と共に輸送量が増大、D50の近代版・改良版の後継機として島秀雄氏を設計主任としてD51「デゴイチ」の開発が始まった。ボイラの基本設計はD50と同じだが、従来のリベット接合を電気溶接に代えるなどして軸重を軽減、D50では難しかった丙線への入線を可能にし、使用線区の拡大を図った。また、ボイラ圧力をD50の13kg/㎠に対して14kg/㎠（後日15kg/㎠に改造）に昇圧、牽引力の増大を図った。これらの利点を持つD51「デゴイチ」は、11～20年の間に日本のSL史上最多の1,115両製造され、国中が困難な戦中・戦後の時代、まさに「昭和」を走り抜き、日本のSLの代名詞となった。

　昭和という激動の時代に生きたD51「デゴイチ」。それは英国から伝承された技術に立脚して、多くの先達の知恵と努力により作り上げられたまさに、日本を代表する"作品"と言えよう。文明に供する技術は一日にして成らず。私たちは、本書を通して、D51「デゴイチ」を、時代を駆け抜けた「日本の記憶」の一部として、未来へ伝えたい。より良い未来を築くために。

　※印がついている3枚の写真は友人の竹内浩氏にご提供いただいた。本書をまとめるにあたり、出版の機会を与えていただいた株式会社フォト・パブリッシングの福原文彦氏とご関係の皆様にお世話になった。深く感謝申し上げる。

令和2年6月5日　對馬好一・橋本一朗

函館本線（山線）で貨物輸送に活躍するD51 27◎上目名〜目名　S45.8※

《参考文献》

・機関車工学會著『新訂増補　機關車の構造及理論　上巻、中巻、下巻』　改定増補第22版　交友社　昭和31年
・臼井茂信・西尾克三郎著『日本の蒸気機関車』　鉄道図書刊行会　昭和25年
・中部鉄道学園運転第一科著『国鉄指導要目準拠　運転理論（蒸気機関車）』第5版　交友社　昭和41年
・『5万分の1地形図　呉』　国土地理院　昭和41年
・吉田富美夫・大竹常松共著『国鉄機関士科指導要目準拠　最新蒸気機関車工学』第7版　交友社　昭和43年
・廣田尚敬著　カラーブックス152『蒸気機関車』　保育社　昭和43年
・国鉄監修『交通公社の時刻表　第44巻　第10号　通巻512号』　日本交通公社　昭和43年10月号
・『5万分の1地形図　歌棄』　国土地理院　昭和43年
・臼井茂信編著『日本蒸気機関車形式図集成　2』　誠文堂新光社　昭和44年
・『鉄道ファン　Vol.11　第2号　通巻117号』　交友社　昭和46年1月臨時増刊号
・『5万分の1地形図　岩見沢』　国土地理院　昭和47年
・『Rail Magazine 日本の蒸気機関車』　ネコ・パブリッシング　平成6年1月号
・宮澤孝一著『決定版日本の蒸気機関車』　講談社　平成11年
・『国鉄時代 vol.10　Rail Magazine　第24巻　第11号』　ネコ・パブリッシング　平成19年8月号増刊
・いのうえ・こーいち著『図説　国鉄蒸気機関車全史』　JTBパブリッシング　平成26年
・『わが国鉄時代　16』　ネコ・パブリッシング　平成28年
・對馬好一・橋本一朗著『国鉄蒸気機関車　最終章』　洋泉社　平成29年
・『鉄道ダイヤ情報　No.402　第46巻　10号　通巻426号』　交通新聞社　平成29年10月号
・『JTB時刻表　第95巻　第12号　通巻1127号』　JTBパブリッシング　令和元年12月号

【著者プロフィール】

對馬 好一　Yoshikazu Tsushima

昭和27年東京都生まれ、慶應義塾大学法学部卒。

新聞社で国内政治を中心に長年報道記者を務める。

同社管理部門を経て総合印刷会社を経営。その後、大学広報を担当。

少年時代から柔道修行の傍ら、鉄道模型、鉄道写真に親しみ、蒸気機関車を追った。

橋本 一朗　Ichiro Hashimoto

昭和27年東京都生まれ、慶應義塾大学工学部卒。

機械メーカーにて日本、米国で内燃機関の研究開発に従事。

その後、金属製品・電子機器関連の会社を起業、経営。

幼少の頃からの鉄道ファンで、現在もNゲージ鉄道模型で蒸気機関車を楽しむ。

未来へつなぐ日本の記憶

昭和SLグラフィティ〔D51編〕

2020年6月30日　第1刷発行

著　者……………………對馬好一・橋本一朗

発行人……………………高山和彦

発行所……………………株式会社フォト・パブリッシング

　　　　　　　　　　〒161-0032　東京都新宿区中落合2-12-26

　　　　　　　　　　TEL.03-5988-8951　FAX.03-5988-8958

発売元……………………株式会社メディアパル（共同出版者・流通責任者）

　　　　　　　　　　〒162-8710　東京都新宿区東五軒町6-24

　　　　　　　　　　TEL.03-5261-1171　FAX.03-3235-4645

デザイン・DTP ………柏倉栄治（装丁・本文とも）

印刷所……………………サンケイ総合印刷株式会社

ISBN978-4-8021-3194-0 C0026

本書の内容についてのお問い合わせは、上記の発行元（フォト・パブリッシング）編集部宛てのEメール（henshuubu@photo-pub.co.jp）または郵送・ファックスによる書面にてお願いいたします。